健康・化学まめ知識シリーズ 5

文系のための有機化学講座

著者　寺尾啓二

目次

はじめに　3

その1．自然界で生まれる最初の有機化合物とは　4
●グルコース(ブドウ糖)──すべてのもととなる有機化合物　4
●α‐グルコース、β‐グルコース　5
●デンプンとセルロース……、そして環状オリゴ糖(シクロデキストリン)　6

その2．有機化学は石油から　9
●"石油"の発見と利用　9
●石油を私たちはどのように使っているか　12

その3．石油からプラスチック、そして……　17
●石油からプラスチック(ポリマー)　17
●ポリマーの異性体(ナイロン、ペット……)　20
●プラスチックが起こした地球環境問題とは……　22

その4．医薬品開発も有機化学　27
●有機化学による医薬品などの開発　28

その5．有機化学の発見から未来まで　33
●有機化学の発展と現在の二つの問題　33
●まず、一つ目の地球環境問題……　34
●そして、人体に悪影響を及ぼす鏡像異性体の問題……　35
●シクロデキストリンと有機化学の可能性　37

はじめに

　有機化学というと難しいイメージがあって「自分は文系だから……」となかなか読んでもらえそうにないのですが、この文系のための有機化学講座では、文系でも知って得する"まめ"知識、興味の沸く内容をわかりやすく解説していきたいと思います。特に、文系でありながら、仕事の関係で、食品や医薬品、関連素材その他、さまざまな化学製品を扱っている会社に勤められている方々に読んでもらうと"得するまめ知識"になるように。

　ここに書かれた内容が理解できれば理系の大学を出て30年間、化学に関わらなかった方々より知識は豊富になっていきます。

その1.
自然界で生まれる最初の有機化合物とは

　有機化合物はいろんな化学反応で分子を少しずつ作りかえ、分子同士をつないで作っていきますので、その種類は無数で無限です。自然界でも、分子を少しだけ変えてさまざまなものが作り出されています。

●グルコース（ブドウ糖）──すべてのもととなる有機化合物
　その中でも、そのもとのもとになる有機化合物があります。
　それは"グルコース（ブドウ糖）"です。ここでは、グルコースと呼ぶことにします。グルコースは植物によって二酸化炭素と水から太陽光のエネルギーを使って、光合成という反応で作られています。

　はちみつ、とうもろこし、樹木……
これらの自然界で生まれた物質は天然物質と呼ばれています。一見、まったく関係ない物質に見えます。でも、実は

すべて同じグルコースという有機化合物からできているのです。

●α-グルコース、β-グルコース

たとえば、はちみつには、主成分としてグルコースが含まれています。このグルコースには2種類の形の分子があります。この2つの分子は化学式で書くと同じようにみえますが、よくみると、1ヵ所だけ違ったところがあります。OH基（水酸基といいます）の位置です。

次の図1-1の説明は少し難しくなりますので分かりにくければ、『グルコースにはただ単にαとβの2つ形がある』とだけ覚えてください。

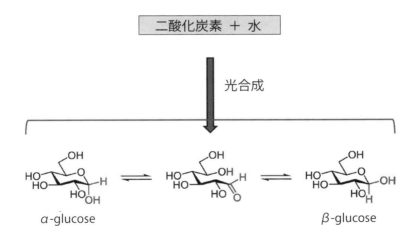

図1-1. α-グルコースとβ-グルコース

図1-1で示すようにグルコースは環状で存在しています
が、環状から線状に形を変えることでOH基の位置を変え
ることができます。そして、それぞれの形をα-グルコース、
β-グルコースと呼んでいます。つまり、グルコースには
αとβの２つの分子があるのです。この２つの分子を『立
体異性体』の関係にある……と言います。

　はちみつにはこの２つのグルコースが主成分として含ま
れているのです。

　この２つのグルコースから……とうもろこしやジャガイ
モの主成分であるデンプンや樹木の主成分であるセルロー
ス繊維も作られているのです。

●デンプンとセルロース……、そして環状オリゴ糖（シクロ デキストリン）

　デンプンはアミロースと呼ばれ、グルコース分子が長く
連なった鎖状の物質で渦を巻いたらせん状の形をしていま
す。よくみるとこのグルコース分子はα-グルコースであ
ることがわかります。

　セルロースは同様にグルコース分子が長く連なった鎖状
の物質に違いはないのですが、らせん状ではなくまっすぐ
な形をしているのです。そして、よくみるとこのグルコー

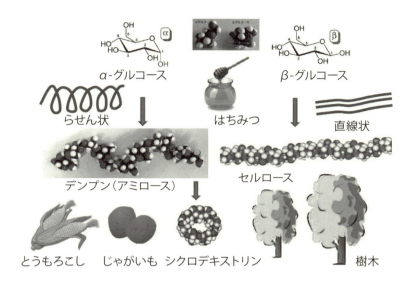

図1-2. デンプン（アミロース）とセルロース

ス分子は、はちみつの主成分であるグルコースの一方の分子であるβ-グルコースであることがわかるのです。

　β-グルコースから作られたセルロースの長い分子はまっすぐな形をしていますので、同じ方向に揃って（分子同士の分子間で働く引力で）束になり、繊維となります。この引力がセルロースを頑丈にして、何十年も何百年も樹木を支えているのです。

　ゆえにセルロースは頑丈ですので、ヒトの消化酵素では分解されません。紙や木を食べても栄養源にはならないわけです。消化酵素で分解されないセルロースの食品への応

用例の一つにナタ・デ・ココがあります。ナタ・デ・ココはココナッツの実を発酵させたゲル状のものです。水を良く含んだセルロースゲルですので、食べても消化されませんので食物繊維としてダイエット食品に利用されています。

　一方、デンプンはらせん状の形をしていますので、分子間引力は働かず、消化酵素で容易にグルコースに分解されますので、ヒトや動物の栄養源（炭水化物）となります。
　また、らせん状をしていることから、シクロデキストリン生成酵素によって環状のオリゴ糖が自然界では作られています。つまり、α-グルコースから作られたデンプンから環状オリゴ糖（シクロデキストリン）は作られていますので、環状オリゴ糖の構成単位はα-グルコースなのです。環状（かんじょう）になることでデンプンよりも分解されにくくなり、頑丈（がんじょう）になり、さまざまな用途開発が可能となります。
　シクロデキストリンの製造に関しては下記をご参照ください。
http://blog.livedoor.jp/cyclochem03/archives/3562648.html

その2. 有機化学は石油から

　その1では、植物が生産するグルコースについて説明しました。その2では、20世紀以降の私たちの生活を大きく変えた有機化学ですが、その発展に寄与した石油と石油から作られるさまざまな物質について説明します。

●"石油"の発見と利用
　まず、石油はどのようにして生まれたか、ですが……、プランクトン起源説が有力です。数百万年、数千万年の時を経て、"プランクトンの死骸"が砂や泥と積み重なり、地下の高い圧力や高温の影響を受け、さらには土壌中の微生物の活動によって"石油"に変化したもののようです。

　つまり、植物がグルコースを作り出しているのと同じように微生物が石油を作り出しているのです。ここで、グルコースと石油の共通点は、……植物によるものか微生物によるものかは別にして、太陽エネルギーを化学エネルギーに変換してエネルギーを蓄えた有機化合物であることです。

私たち人間は動物であり、この地球上では長年、植物、微生物、動物がお互いに共生して生態系を維持してきました。そして、20世紀以降、その動物の１種である人間は微生物の作り出した石油を利用して、ガソリン、プラスチック、ナイロン、アスファルト、医農薬品など、現代の私たちの生活を支えるために欠かせないさまざまな物質を生み出したのです。

　これらの物質は何れも、グルコースと同じように、炭素、酸素、水素からなる有機化合物です。ということは、原理的には二酸化炭素と水から合成できるはずです。でも、これらの物質は人間が作り出した石油を原料とした、つまり、石油由来物質なのです。

　石油を原料にしたのはなぜだと思われますか？

　それは、私たちが、石油は、グルコースと同様に太陽エネルギーを利用して作り出された二酸化炭素に比べて、はるかに高いエネルギーを持った物質であることを知ったからです。高いエネルギーは炭素と炭素の結合に蓄えられています。

な・の・で……、石油が燃焼すると二酸化炭素と水が得られるだけではなく、熱や光が発生します。これは炭素と炭素の結合が切れることによって化学エネルギーが熱エネルギーや光エネルギーに変換されているのです。

　ここで、わかりやすくロウソクの燃焼で説明します。ロウソクに火をつけると熱で溶けたロウはロウソクの芯に吸い上げられてきます。液体のロウは高温下で気体となり、空気中の酸素と反応し、二酸化炭素と水に変換され、空気中に放出されていきます。この時、ロウが持っていた炭素

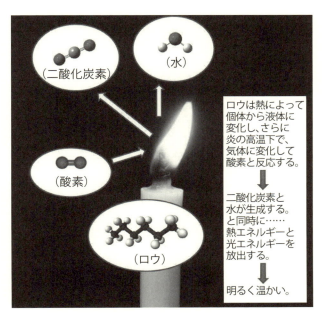

図2-1．ロウソクの燃焼とは

11

と炭素の結合によるエネルギーも同時に熱や光のエネルギーとなって放出されるのです。この時、発生した熱は、さらにロウを溶かし、そのロウは芯に吸い上げられる……といったように、ロウは継続的に二酸化炭素と水に変わって消えていくというものです。

　繰り返しになり、少しくどいのですが……
　ロウソクの燃焼と反対に、高いエネルギーを持たない二酸化炭素と水から炭素と炭素の結合のあるプラスチックなどの物質を作ろうとすると高いエネルギーが必要になります。そこで、私たち人間は、もともと高いエネルギーを持っている石油を利用して、低いエネルギーで生活に必要とされる物質を作ることを見出してきたのです。

　ということで、石油を私たちはどのように使っているかの話に入ります。

●石油を私たちはどのように使っているか

　石油（原油）には、実にさまざまな有機物質が混在しています。ですので、まずは**図2-2**に示すように、軽いものから重いものまでを分けます。ロウソクを思い出してもら

うと分かるように有機物質は、熱すると固体から液体、そして気体になる性質があります。そこで、石油を熱して気体にし、少しずつ冷やしていきます。高い温度でも液体となる有機物質から順番に取り出していくと、重油、軽油、灯油、ナフサ、そして、ガスに分けることができるのです。

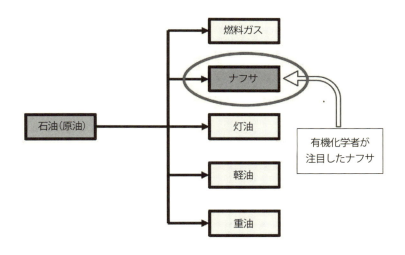

図 2-2. 石油（原油）から得られる物質群

　重油は主にアスファルトの原料とされていますが、現在は、この燃えにくい油を効率よく燃やすためのスーパーフローという技術が開発されつつあります。
　軽油はディーゼルエンジンなど、一般の自動車のエンジン燃料として使用され、灯油はストーブの燃料に使用され、ガスも家庭用の燃料に使用されているのはご存知だと思い

ます。では、ナフサはどのように利用されているのでしょうか？？

実は……、このナフサが有機化学者に必要なものだったのです。

ナフサは、ガスではないのですが、灯油、軽油、重油に比べ、小さな分子（低分子といいます。）で、このナフサをさらに小さな分子に分けていきます。ナフサを高温に加熱すると、小さな分子に分解されていきます。徐々に温度を下げていくと、**図2-3**で示すような物質群に分けられま

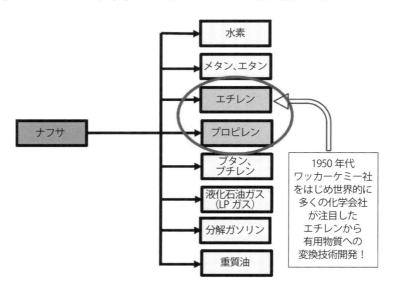

図 2-3． ナフサから得られる物質群

す。ここで、水素、メタンを除く、すべての物質は炭素と炭素の結合を持っています。つまり、エネルギーを保持しているのです。

　このように分けられた水素、メタン、エタン、ブタン、液化石油ガス、ガソリン、重質油は主にエネルギー源（燃料）として使用されていますが、有機化学者が注目したのは、このエチレン、プロピレンなのです。

　エチレン、プロピレンは分子をつなぎ合わせることが容易で、ポリエチレンやポリプロピレンなどの高分子ができます。皆さんも「ポリ袋」などの身の回りのものでよくご存知だと思います。

　エチレン、プロピレンの用途は高分子だけではありません。20世紀中頃に、有機化学者は競ってエチレンとプロピレンからさらに有用な有機物質の変換を研究していました。

　そして、その研究開発ですばらしい成果を上げたドイツの化学会社があります。それが、ワッカーケミー社です。

15

ワッカーケミー社は、エチレンを空気中の酸素で酸化して酢酸を合成する方法を見出しました。これが、有機化学者であれば誰もが知っているワッカー法です。

　その後、数多くの酢酸誘導体が合成され、医薬、農薬、そして、さまざまな工業製品の原料として利用されるようになり、人々の生活は豊かになっていきました。

その3. 石油からプラスチック、そして……

　その1では植物が生産するグルコースについて説明し、その2では20世紀以降の私たちの生活を大きく変えた有機化学の発展に寄与した石油について解説しました。その3では石油から作られるプラスチック、私たちの生活を豊かにしたプラスチックはどのようにして作られるのか、どのように使われているのか、そして、今後、私たちはプラスチックとどのように付き合っていくべきなのか……について私見を述べながら解説します。

●石油からプラスチック（ポリマー）

　19世紀には、有機物質は化学者にとって「生命が作り出すもの」でした。植物が光合成によって二酸化炭素と水からブドウ糖を作り、デンプンやセルロースを作り、また、プランクトン、微生物から化石燃料の石炭・石油が生まれるなど……。しかし、20世紀に入ると、人間は有機物質を人工的に作り、あやつるようになったのです。その代表的で広範に利用されている人工的有機物質がプラスチッ

17

ク、つまり、鎖状の高分子です（以下、ポリマーと表現します）。

　私たちの身の回りのポリマーには、ペットボトルやビニール袋、ビニール傘、衣類、接着剤、耐圧水槽、塗料、ラッピングフィルムなど、実にさまざまなものがあるのです。

　まずはポリマーという言葉の説明から……

　ポリマーは、最小単位の小さな分子（モノマー）を数万〜数十万個とつなぎ合わせて長い鎖状の分子（ポリマー）に人工的にしたものなのです。ちなみに「モノ」は1、「ジ」は2、「トリ」は3を意味し、「オリゴ」は数個、「ポリ」は多数を意味することをご存知の方もおられると思います。その接頭語に「マー」をつければいいわけで、たとえば、オリゴマーとは数個のモノマーが結合した有機物質を意味しますし、多数であれば、ポリマーとなるわけです。

　分子の構造を模式図で表すとき、水素原子の場合は手が1つ、酸素原子は手が2つ、炭素原子は手が4つで原子同士を結んでいきます。**図3-1**のように、メタンの場合は水素原子4つと炭素原子1つからできています。また、エチレ

18

ンの場合は水素原子4つと炭素原子2つからできていますので、水素原子と結合していない炭素の手は2つずつ炭素同士で手を結んでいます。そして、少し、難しいのですが2つの手が炭素同士で同時に結ばれている状態を二重結合（不飽和）といいます（**図3-1**）。

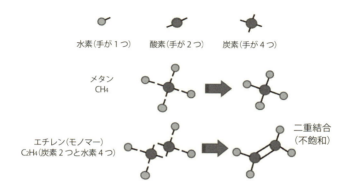

図 3-1. メタン、エチレンの構造模式図

次にポリマーができる仕組みは……。

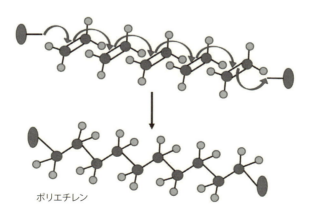

図 3-2. ポリマー（ポリエチレン）ができる仕組み

19

手を余らせた別の原子を使って、エチレン分子が炭素同士結んでいた2つの手の1つを別のエチレン分子と結びます。次に余った炭素の手が次のエチレン分子と結ぶ、それを、繰り返すことで長い鎖状の分子ができる、このようにしてポリマーが得られるのです。

●ポリマーの異性体（ナイロン、ペット……）

　このようにしてポリマーが作れることを見出した化学者は、さらに目的に応じて、特性の異なったポリマーを開発していきます。たとえば、ナイロン……。

　天然の絹に匹敵する強さを持つポリマーは作れないか、とナイロンは作られました。絹やクモの糸は多数のアミノ酸をペプチド結合（アミド結合といいます）させたタンパク質でできています。ナイロンも「アジピン酸」というジカルボン酸と「ヘキサメチレンジアミン」というジアミンを加熱してアミド結合させることで、細くても強いポリマー（ポリアミドという）となっているのです（つまり絹もナイロンも同じ種類の結合で強い繊維となっているわけです）。

このナイロンは1935年にカローザスによって開発され
ましたが、現在でも、軽くて強いことからスポーツウェア
として、また、軽くて、損傷も受けにくいことから気球に
も使われています。

　ペットボトルのペットはポリエチレンテレフタレート
（PET）というポリマーの略称です。

　PETは「エチレングリコール」というジオールと「テレ
フタル酸」というジカルボン酸を加熱してエステル結合さ
せてポリマー（ポリエステルという）としたものです。ベ
ンゼン環が一定間隔で配置されているため曲がりにくく熱
にも強い（耐熱性の）構造になっていて飲料のボトルに最
適です。

　これらの原料はその2で説明したように、石油から分離
されたナフサから精製されたり、誘導されたものが多く、
元を辿れば、天然なのですが、実は、人間によって加工さ
れた（人工的に作られた）ため、地球環境に問題が生じて
います……。

●プラスチックが起こした地球環境問題とは……

　プラスチックの利点である化学的な安定性、つまり、壊れにくいこと……。19世紀に利用されていた天然素材の木の皮、紙、布は「虫が食う、腐る（微生物が食う）」といった問題があったのですが、プラスチックは虫や微生物によって分解されないのです……。

　これは自然界の物質循環に組み込まれにくいことを意味しているのです。

　天然素材に取って代わり、毎年、1億トン以上のプラスチックが生産されています。そのような中、地表や水中に廃棄されたペットボトルやビニール傘が野生動物を傷つけ、景観を損ね、償却してもダイオキシンなどの有害物を

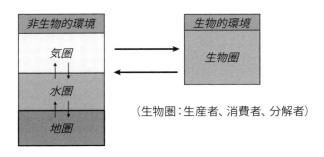

図 3-3. 地球生態系

発生するなど、生態系を壊す、地球環境の破壊につながっているのです。

　ここで、すこし、本題から離れ、地球環境についてのお話です。

　地球環境は気圏、地圏、水圏と生物圏（生物相）で構成されています。
　これを生態系（地球生態系）と呼んでいます。これに光、水、二酸化炭素、無機物などが構成因子として関与しています。

　そして、生物圏には、生産者（植物）、消費者（動物）、分解者（微生物）がおり、動的平衡状態が保たれることで地球環境は維持できているのです。

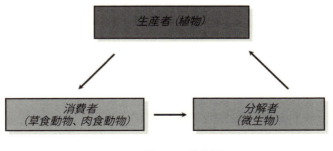

図 3-4. 生物圏

しかしながら、その消費者である動物の一つである人間が有害物質による汚染などの原因になるプラスチックを作り始め、この地球環境に影響を与えはじめたのです（新しく人間生態系が現われたわけです）。

　この人間生態系、地球環境問題を理解したうえで、私たち人間はポリマーについて考え直さないとならない局面を迎えています。

　その解決策一つが、生分解性プラスチックです。つまり、微生物（分解者）によって分解されるポリマーであり、プラスチックを自然界の物質循環に取り込むのです。

　現在は、その生分解性ポリマーとして、化学合成品と天然素材を配合する方法、ポリ乳酸、ポリビニルアルコール（PVA）などのポリ酢酸ビニル誘導体等が注目されています。こういった生分解性プラスチックは分解過程で水溶性が高まり、微生物の接近が容易になり、微生物による分解（生分解）が容易になることが特徴です。

　そして、もう一つの注目されるべき解決策がシクロデキ

図3-5. シクロデキストリンによるバイオレメディエーションの原理

ストリンを用いるバイオレメディエーション（汚染土壌や汚染水の微生物による浄化技術）であろうと考えます。

　まず、**図3-5**のシクロデキストリンによるバイオレメディエーションの原理を確認ください。

　生分解性ポリマーとは微生物の分解過程で水溶性を高めるのがポイントで、微生物分解が促進されるポリマーですが、同様に、難生分解性のポリマーであってもシクロデキストリンに包接されることで水へ可溶化できれば、微生物はその難生分解性の有機化学物質を分解できるのです。
　実際、シクロデキストリンを化学修飾し水溶性を高めた部分メチル化βシクロデキストリンによって土壌中の汚染物質である多環式芳香族が効率よく分解されるという結果

を**図3-6**に示しておきます。

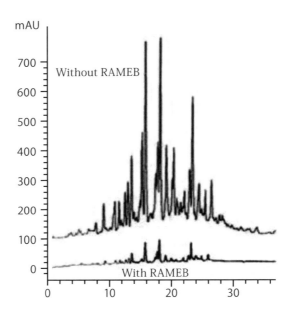

図 3-6. 多環式芳香族（PAH）汚染土壌の 0.1%RAMEB 処理、未処理3ヶ月後の HPLC

やはり、『シクロデキストリンは地球を救う』ようです……。

その4. 医薬品開発も有機化学

　その1では、植物が生産するグルコース、その2では、有機化学の発展に寄与した石油、その3では、その石油から作られる私たちの生活を大きく変えたプラスチックについて、有機化学を学んでいない人にも読んでもらいたい、わたしが経営するシクロケムという小さな会社でも、これだけ有機化学に係わり、こんなに世の中の役に立とうとしているんだ、ということを理解してもらいたいという思いで、解説してきました。

　その4では、医薬品などのヒトの生活や健康に役に立つ有機化学品がどのように生まれてきたか、について説明していきます。少しだけ、これまでよりハードルが高くなるのですが、挑戦です。ただ、出てくる構造式は覚える必要がありません。話の流れで記載しているので、そこは気にしないで文章だけを理解してください。なんとなくでもOKです。

●有機化学による医薬品などの開発

　人々は太古の昔からさまざまな薬草を利用してきました。そして、19世紀には、人による薬草の栽培が開始され、20世紀に入ると、有機化学の発展から、薬草に含まれる薬効成分の有機化合物（もちろん、天然物）の構造が分かるようになり、研究室でそれらを合成できるようになっていきました。

　その初期の代表例が、鎮痛剤のアスピリンです。アスピリンは古くから利用されてきたヤナギの樹皮に含まれる鎮痛成分であるサリシンの構造を元に開発された鎮痛薬で

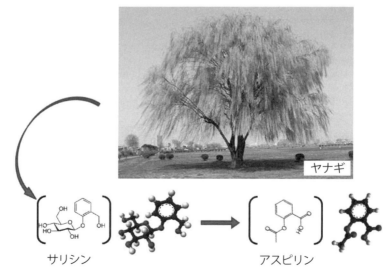

図 4-1.　鎮痛剤のアスピリンはヤナギから

す。サリシンは1828年にヤナギの樹皮より抽出され、19世紀には医薬品として利用されていたのですが、胃腸が荒れてしまうという問題がありました。そこで、サリシンの構造を少し変えていくことで、その副作用を抑えたのがアセチルサリチル酸、つまり、アスピリンです。アスピリンはドイツのバイエル社が1897年に開発し、今でも医薬品（鎮痛剤、抗血小板薬）として用いられています。

　インフルエンザ治療薬で有名なタミフルは、スイスのロシュ社が開発した医薬品です。日本では、現在、ロシュグループ傘下の中外製薬が製造輸入販売元となっています。

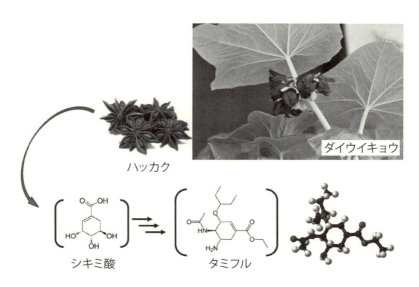

図4-2. インフルエンザ治療薬のタミフルはハッカクから

タミフルはハッカクというダイウイキョウというシキミ科の樹木の実から抽出されたシキミ酸を原料として、10ステップの化学反応を経由して合成されています。

　このように医薬品は植物に含まれる天然成分をヒントに、また、原料として合成されています。しかし、その一方で、石油から得られるエチレンやプロピレンを原料として経済的に合成する技術も開発されてきました。

　その医薬品をはじめ、数々のヒトの生活や健康に役に立つ有機化学品の合成に有用で、最も安価な原料が石油を精製して得られるエチレンなのです。ドイツのワッカー社はエチレンの空気酸化によるアセトアルデヒド合成法（ワッカー法）を見出し、さらにさまざまな有用有機化合物合成に、有用なエチレン誘導体を開発しました。そのエチレン誘導体の一つにクロロアセトアルデヒドジメチルアセタール（CADMA）という物質があります。

　CADMAはエトキサゾール（商品名はバロックといいます。）という現在大変注目されている殺ダニ剤の合成原料として利用されています。

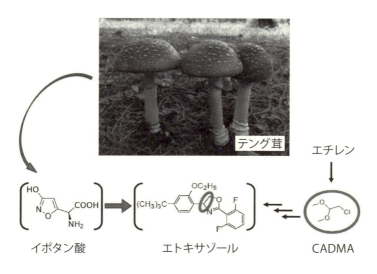

図4-3. 殺ダニ剤のエトキサゾールはテング茸の
イボタン酸をヒントにCADMAから

　エトキサゾールは中堅化学会社の八洲化学によって開発されました。エトキサゾールの開発は日本の薬学者である竹本常松らによって、1962年にテング茸から発見されたイボタン酸の構造がヒントになっています。イボタン酸の環構造に着目し誘導体のデザインと合成が行われたのでした。CADMAはその重要な原料となっています。

　エトキサゾールはダニの脱皮を阻害します。ダニに対する半数致死濃度は僅か1ppbで、極めて低く、つまり、殺ダニ活性が強く、その一方で、ラットに対する急性経口毒

性値（半数致死濃度）は5000mg/kgであり、皮膚や目に対する刺激性もなく、人に安全な物質であることが分かりました。また、ミツバチなどの訪花昆虫にも無害であることも確かめられています。このエトキサゾールの成功は、大企業でなくても新製品は開発できることを示した、すばらしい成果として注目されています。現在、この殺ダニ剤、人には安全でダニだけに効く、そして耐性（ダニの方が強くなって効かなくなること）が出ないことから、住友化学をはじめ、多くの日本の大手化学、農薬メーカーで広く使用されているのです。

　次回は最終章になります。最終章まで読んでもらえば、有機化学の発展の過去から未来まで、全体が見えてきます。

その5. 有機化学の発見から未来まで

　いよいよ最終章です。文系の方々にとっての有機化学の難しいイメージを払拭するための有機化学講座の最終章……その5です。

　その5では、有機化学の発展から未来まで、今、注目されている有機化学技術、そして、これからの有機化学について解説します。

●有機化学の発展と現在の二つの問題

　有機化学はフランスの化学者ラヴォアジエが18世紀末に元素を提案し、燃焼は物質と気体（空気）の結合、動物の呼吸も燃焼、つまり、炭素（物質）と酸素（気体）の結合であることを見つけたことから始まります。19世紀に入り、有機化学は確立していきました。20世紀にはいると、有機化学に石油が利用されるようになります。そして、20世紀半ば、1957年にドイツのワッカーケミー社は石油から精製した物質であるエチレンと空気を人工的に結合させて、酢酸という有用物質の合成に成功します（この合成

33

法をワッカー法と言います）。現在、酢酸は石油化学製品、プラスチック、医農薬品、液晶ディスプレイなどさまざまな物質の合成に利用されています。

　一方、有機化学の発展とともに、20世紀には、二つの問題がクローズアップされました。

　その一つは、土壌中で分解されない大量生産されたプラスチックによるゴミ問題、地球環境の悪化です。

　そして、もう一つは、異性体（鏡像体、同じ形ではあるが鏡に写った偽者の有害物質）を含んだ医薬品や機能性食品によって人の体に悪影響を与えるという問題です。

　これらの問題は、現在でも完全に解決されたとは言えません。そこで、もう少し、これらの問題とその解決策について触れておきます。

●まず、一つ目の地球環境問題……
　現在、土壌中の微生物に分解される、ポリ乳酸などの『生分解性プラスチック』の開発と利用、リサイクル技術、難

分解性のプラスチックや有機化学品の微生物活性化による
バイオレメディエーション技術の確立など、さまざまな対
策が検討されています。

　特に、バイオレメディエーション技術に関しては、シク
ロデキストリン化学修飾体の利用が注目されています。ま
た、チューインガムベースとして使用されている酢酸ビニ
ル樹脂はさまざまなプラスチックの中でも生分解性の高い
高分子です。酢酸ビニル樹脂は、半世紀以前からよく知ら
れたワッカー法で作られる経済的な高分子ではあります
が、ポリビニルアルコールなどとともに高生分解性に着目
され、さまざまな用途に向けて難分解性プラスチックの代
替プラスチックとして検討されるようになっています。

●そして、人体に悪影響を及ぼす鏡像異性体の問題……

　鏡像異性体とは、同じ種類で同じ数の元素からなるにも
かかわらず、違った性質を持つ分子で、姿は同じですが、
鏡に写った関係にある分子をいいます。睡眠薬のサリドマ
イドの鏡像異性体によって奇形児の誕生を起こす『サリド
マイド事件』を知っている方も多いと思います。異性体が
含まれるために人体に悪影響を与えた事件です。そのため、

目的の分子だけを作り、その異性体は作らない手法が日本の野依教授らのグループで開発されました。野依教授（名古屋大学名誉教授）はその手法開発でノーベル化学賞を受賞しています。

　しかしながら、現在でも、異性体を含む医薬品や機能性食品が製造されています。特に、食品の場合は摂取制限がないので危険です。

　たとえば私が経営する株式会社シクロケムでは、機能性食品素材の一つであるαリポ酸を鏡像異性体の問題として取り上げています。現在、世界的に利用されているほとんどのαリポ酸は、人が合成していることもあって、天然に存在するR体が50%と非天然のS体50%の混合物なのです（ラセミ体といいます）。しかしながら、私たち人間が元来体内に持っていて年齢と共に減ってくるαリポ酸は天然のR体の方です。動物実験に関する学術論文では、ビタミンB1欠損のラットや糖尿病モデルマウスを用いた実験で、非天然体であるS体を摂取すると死亡率が急激に増加することが分かっています。一方で、天然のR体摂取の場合は反対に糖尿病モデルマウスの死亡率を有意に減少させ、生

存率を飛躍的に高めることが報告されています。そこでシクロケムでは、異性体がどんなに危険なものであるか、有識者だけでなく、一般の方々にも理解してもらおうと天然型のR-αリポ酸のみを用いたγシクロデキストリン包接体（RALA-CD）を安全な機能性食品素材として開発しています。

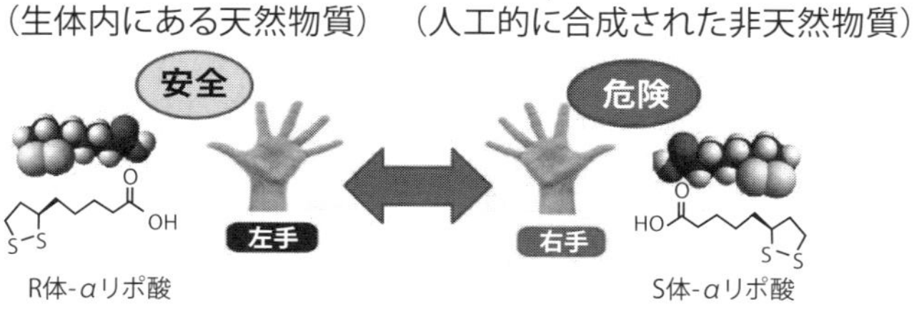

図5-1. 天然で安全なαリポ酸はR体

●シクロデキストリンと有機化学の可能性

有機化学の発展と共に浮上した問題を解決していく一方で、超分子や有機ELといった次世代の有機化学製品や技術が開発されています。

超分子とは、分子と分子を組み合わせることで1つの分子では実現できない複雑な機能を有する分子の集合体であり、さまざまな超分子が開発されています。たとえば、狙った分子だけを認知するセンサー、微量の医薬成分を包み込

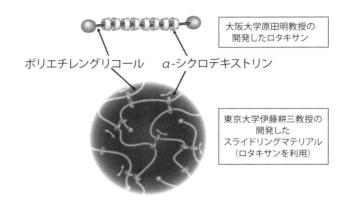

図 5-2. 超分子(Super Molecular)の開発

んで患部に届けるカプセル、車に傷がついても自己修復できる塗料など、さまざまな応用が可能となっています。

　傷を自己修復できる塗料に利用されている超分子は α シクロデキストリンを用いた車輪型の超分子『ロタキサン』で、大阪大学の原田教授が基本技術を開発し、東京大学の伊藤教授が応用開発したものです。

　また、次世代のディスプレイ技術として有機エレクトロルミネッサンス（有機EL）技術が注目されています。既に携帯電話には実用され始めています。有機ELは電気を流すと自ら発光する有機分子で作られていて、液晶よりもあざやかで薄型のディスプレイが可能として期待されてい

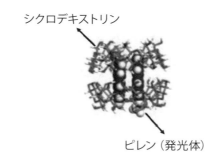

図 5-3. 円偏光発光を示すピレン誘導体と
シクロデキストリンの包接体の開発

ます。奈良先端科学技術大学院大学ではシクロデキストリンに発光材料を結合させ発光性を高め、扱いやすいフィルムの作成に成功しています。

　これまでに、有機化学者たちが報告した化合物は4500万種以上であり、いまだ増え続けています。しかしながら、そのほとんどの化合物は、炭素、水素、酸素、窒素などの限られた元素の組み合わせなのです。天然の石油から得られたエチレンやプロピレンの空気酸化物（ワッカー法）を基礎原料として、また、光合成で植物が作り出すブドウ糖から誘導されたシクロデキストリンを利用するなど、有機化学の可能性は、明るい未来に向けて、これからさらに広がっていくと思われます。

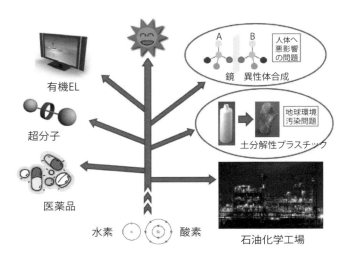

図 5-4. 有機化学の発展による明るい未来とは？

著者紹介

■寺尾啓二（てらお けいじ）プロフィール
工学博士　専門分野：有機合成化学
　シクロケムグループ（株式会社シクロケム、コサナ、シクロケムバイオ）代表
神戸大学大学院医学研究科客員教授
神戸女子大学健康福祉学部 客員教授
ラジオNIKKEI 健康ネットワーク　パーソナリティ
http://www.radionikkei.jp/kenkounet/
ブログ　まめ知識（健康編　化学編）
http://blog.livedoor.jp/cyclochem02/

1986年、京都大学大学院工学研究科博士課程修了。京都大学工学博士号取得。専門は有機合成化学。ドイツワッカーケミー社ミュンヘン本社、ワッカーケミカルズイーストアジア株式会社勤務を経て、2002年、株式会社シクロケム設立。中央大学講師、東京農工大学客員教授、神戸大学大学院医学研究科 客員教授（現任）、神戸女子大学健康福祉学部 客員教授（現任）、日本シクロデキストリン学会理事、日本シクロデキストリン工業会副会長などを歴任。様々な機能性食品の食品加工研究を行っており、多くの研究機関と共同研究を実施。吸収性や熱などに対する安定性など様々な生理活性物質の問題点をシクロデキストリンによる包接技術で解決している。

著書
『食品開発者のためのシクロデキストリン入門』日本食糧新聞社
『化粧品開発とナノテクノロジー』共著CMC出版
『シクロデキストリンの応用技術』監修・共著CMC出版
『超分子サイエンス　〜基礎から材料への展開〜』共著　株式会社エス・ティー・エヌ
『機能性食品・サプリメント開発のための化学知識』日本食糧新聞社
ほか多数

●健康化学まめ知識シリーズ1
『ヒトケミカルでケイジング
（健康的なエイジング）
〜老いないカラダを作る〜』
著者　寺尾啓二
（神戸大学大学院医学研究科客員教授、
神戸女子大学健康福祉学部客員教授）
ISBN978-4-908397-02-8　C0047
定価：本体400円＋税
A5並製　本文52ページ　健康ライブ出版社

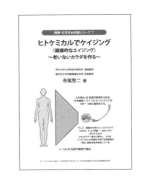

　ヒトケミカルとはヒトの生体内で作られている生体を維持するための機能性成分。CoQ10、R-αリポ酸、L-カルニチンは何れもミトコンドリア内でATP生産に係わっている物質であることが知られている三大ヒトケミカルです。もともと体の中で作られ、エネルギー産生のために働くばかりでなく、活性酸素をミトコンドリア内から外に漏れ出さないように働く抗酸化物質であり、良質のミトコンドリアを維持するために必要不可欠な物質なのです。20才を境にそれらの生体内生産量は減少することが分っています。エネルギー産生による疲労回復と活性酸素除去による老化防止のためにも CoQ10、R-αリポ酸、L-カルニチンを積極的に補い、ケイジング（健康的なエイジング）を目指しましょう。

もくじ
その1．ヒトケミカル摂取で良質なミトコンドリアを維持してケイジング（健康エイジング）
その2．CoQ10による免疫力増強作用によってさまざまな病気を予防
　■脂質異常症治療薬が処方された場合のCoQ10摂取の必要性
その3．笑いとヒトケミカル摂取でNK 細胞の活性を高めてがん予防
その4．線維芽細胞の活性化でコラーゲン、エラスチン、ヒアルロン酸産生による美肌作用と軟骨再生作用
その5．運動とヒトケミカルによる筋肉細胞の活性化と筋肉の維持
　■筋肉保護作用
その6．ヒトケミカルと酵素入り果物野菜でスーパー健康ダイエット！
終わりに　〜ヒトケミカルで老いないカラダを作る
　■RALAの吸収性

●健康化学まめ知識シリーズ2
『スキンケアのための科学』
　　著者　寺尾啓二
　　(神戸大学大学院医学研究科客員教授、
　　神戸女子大学健康福祉学部客員教授)
　　ISBN978-4-908397-03-5　　C0047
　　定価：本体500円＋税
　　A5並製　本文52ページ　　健康ライブ出版社

　市場にでている多くのスキンケア商品の中から、毛穴トラブルの原因を考慮し、肌状態を改善できる方法、有効な機能性成分を分解しない安定な状態で安全に塗布、あるいは、摂取して、その機能性成分の効果を十分に発揮できるような商品を選ぶ知識をもつことが必要です。角質層、表皮、真皮など皮膚の構造からスキンケア製品の有用性をわかりやすく実践的に説き、コンパクトにまとめられた本書はそのための実践的な第一歩となります。

●環状オリゴ糖シリーズ1
スーパー難消化性デキストリン
"αオリゴ糖"
　　著者　寺尾啓二・古根隆広
　　定価：本体400円＋税
　　A5並製　本文40ページ

　αオリゴ糖は、フタと底のないカップのような構造をしており、外側は親水性、内側の空洞内は親油性という特異な性質をもちます。そして、空洞の内径が0.5〜0.6ナノメートル（1ナノメートル＝10億分の1m）であることから、"世界でいちばん小さなカプセル"と称されています。本書では、αオリゴ糖の基本的な情報から、スーパー難消化性デキストリンとしてのαオリゴ糖の優れた機能に関する情報までをご紹介します。

既刊一覧

環状オリゴ糖シリーズ1
スーパー難消化性デキストリン "αオリゴ糖"
著者：寺尾啓二・古根隆広　　定価本体400円

環状オリゴ糖シリーズ2
αオリゴパウダー入門
著者：寺尾啓二　　　　　　　定価本体400円

環状オリゴ糖シリーズ3
マヌカαオリゴパウダーのちから
マヌカハニーと環状オリゴ糖との出会いで進化した健康機能性

著者：寺尾啓二　　　　　　　定価本体400円

健康・化学まめ知識シリーズ1
ヒトケミカルでケイジング（健康的なエイジング）
〜老いないカラダを作る〜

著者：寺尾啓二　　　　　　　定価本体400円

健康・化学まめ知識シリーズ2
スキンケアのための科学
著者：寺尾啓二　　　　　　　定価本体500円

健康・化学まめ知識シリーズ3
筋肉増強による基礎代謝の改善
著者：寺尾啓二　　　　　　　定価本体400円

健康・化学まめ知識シリーズ4
脳機能改善のための栄養素について
著者：寺尾啓二　　　　　　　定価本体400円